U0098443

韓國媽媽的家常料理

60道必學經典

涼拌 × 小菜 × 主食 × 湯鍋，一次學會

修訂版

■ 作者——王林煥　■ 攝影——蕭維剛

獻給喜愛韓式料理的朋友們

我是在韓國出生長大的華僑，當時我家經營一間中華料理餐廳，時常在餐廳裏幫忙、端盤等等的雜事，由於我是四姊妹裏的老么，料理是輪不到我去做的，當時我只負責享用美食。

直到我遇見了我先生，當時我父親還警告他說：「我女兒不會煮飯喔！」我先生信誓旦旦表示不介意，出去吃就好！我天真地相信了他，在新婚後享受了兩個多月，不用當「煮」婦，最後他還是忍不住開口要我開始動手料理。

但料理這條路，一開始並沒有那麼順利，一般人可能認為餐館的孩子多少都有料理的直覺或天分吧？不盡然是。永遠記得我的第一道料理是「大蒜炒蛋」，被先生笑說我應該放蔥花，而不是大蒜。個性倔強又不服輸的我，開啟了我的料理之路，從自己學、問鄰居、問姊姊，無所不用其極只為了做出好吃的料理，讓孩子吃得健康美味、讓先生心服口服！特別感謝那挑嘴的先生，開啟了我的料理人生，為了開韓國餐廳特別在韓國上了料理教室。

這是我第一本韓國料理書，每一道食譜都是經過多年的調整，獻給喜愛韓式的朋友們，謝謝。

最後，真心要感謝我身邊的人，無論是家人朋友、以前開店時的夥伴、合作過的料理教室及學生們、以及出版社的製作團隊，因為有您們，讓我這平凡的家庭主婦也能透過料理，讓生命增添了色彩。

王林煥

CONTENTS
目錄

CHAPTER 01

清爽涼拌，開胃最佳良伴

CHAPTER 02

經典小菜，餐桌上的最佳配角

CHAPTER 03

飯麵粥，為你補充滿滿能量

CHAPTER 04

泡菜與煎餅，正統韓式風味

CHAPTER 05
必備熱食，熱辣過癮保證下飯

CHAPTER 06

湯／鍋料理，比歐巴還暖心

這些材料，一定要認識

有了來自韓國的食材、調味料，一開始就能掌握正宗韓式風味。

主食

韓式魚板

韓式年糕

火腿罐頭

韓式冬粉

韓國泡麵

湯料

乾海帶芽

海苔酥

韓國蕨菜

新鮮人蔘

高湯包

醬料

湯醬油　　　濃醬油　　　蘋果醋　　　玉米糖漿

清正魚露　　韓式炸醬　　韓式辣椒醬　　韓式大醬

李錦記蠔油　　龜甲萬純釀造醬油　　蝦醬

粉料

煎餅粉

炸粉

粗辣椒粉

海鮮粉

細辣椒粉

熟芝麻粒

牛肉粉

其他

韓國清酒

純芝麻油

哪裏買

韓聯韓國食品百貨

地址：台北市萬華區西寧南路 82 巷 8 號

電話：（02）2331-5056

網站：http://www.hanlien.url.tw

營業時間：週一～六 10:00 ～ 20:00，週日
　　　　　12:00 ～ 17:00

天鷗韓式食品百貨

地址：台北市萬華區內江街 63 號

電話：（02）2314-5656

網站：www.ty5656.com.tw

營業時間：週一～六 10:00 ～ 19:00，週日公休

先準備好，做菜更方便

經常用到的蒜泥、老薑泥，一次做好放在冷凍庫可以隨時取用。
牛骨或豬骨高湯，不只節省做菜時間，也能讓料理更加美味。

常備佐料

大蒜泥

老薑泥

必備高湯

昆布高湯

昆布放入鍋中加水煮
約20分鐘即可。

牛骨高湯

湯呈現果凍狀就
可以分裝使用。

牛骨高湯事前

牛骨先泡水2小時後，倒
掉血水。將牛骨放進鍋
中，汆燙10分鐘後洗淨，
倒入5000公克的水熬煮
15小時，由於熬煮過程
中水量會減少，需再補
足高過牛骨3倍的水量。

TIPS

- 煮好後的高湯可以分成小包裝冷
  凍，需要用的時候再解凍。
- 要用壓力鍋熬煮高湯也沒問題。
- 豬骨也可以用同樣的方式熬煮喔！

Chapter **1**

簡單好做絕不會失敗

清爽涼拌，
開胃最佳良伴

涼拌海帶芽

餐廳常見小菜，自己也能在家做

材料（4人份）

海帶芽 10公克
洋蔥 30公克
小黃瓜 30公克

◇調味料◇

醋 2大匙
鹽 1茶匙
二砂糖 2大匙
芝麻粒 ....½茶匙

作法

1. 乾海帶芽泡水 10 分鐘呈現軟化後，用水沖 3 次，再用手擠乾。
2. 洋蔥和小黃瓜切成絲。
3. 將所有食材與調味料放在一起拌勻即可。

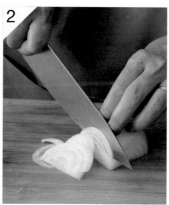

TIPS

● 這道小菜放冰箱冷藏，可保存 2 天。
● 芝麻粒可以先留下少許，最後撒在料理上裝飾。

涼拌黃豆芽

好做又百搭的涼拌

材料（4人份）

黃豆芽	300公克
紅蘿蔔	30公克

◇調味料◇

香油	1大匙
大蒜泥	1茶匙
魚粉	½茶匙
鹽	½茶匙
辣椒粉	½茶匙
蔥花	1大匙

作法

1. 紅蘿蔔去皮後切絲，和黃豆芽一起用滾水煮3分鐘至熟，撈出擠乾。

2. 將作法1用調味料拌勻，上桌前撒上蔥花即可。

涼拌菠菜

好看又好吃的美味蔬菜

材料（4人份）

菠菜 600g

◇調味料◇

醬油 1茶匙

大蒜泥 1大匙

香油 1大匙

鹽 1茶匙

芝麻粒 1大匙

TIPS

- 在最後也可拌入蔥花，讓菜品口感更豐富。
- 芝麻粒可以先留下少許，最後撒在料理上裝飾。

作法

1. 菠菜洗淨後，放入已加鹽的鍋中用水燙過。
2. 撈起菠菜沖冷水後，用手擠乾切段，再加上調味料一起拌勻。

涼拌馬鈴薯絲

爽脆口感一吃就會愛上

材料（4～6人份）

馬鈴薯 400公克
青椒 50公克
紅蘿蔔 50公克
鹽 .... ¼茶匙
（汆燙蔬菜用）

◇調味料◇

檸檬汁 1大匙
大蒜泥 1大匙
香油 1大匙
二砂糖 1大匙
芝麻粒 1大匙
鹽 .... ¼茶匙

作法

1. 馬鈴薯、青椒與紅蘿蔔皆去皮後切成絲備用。馬鈴薯絲泡水，直到水變得有點混濁，即可將水倒掉不用。

2. 將青椒絲、紅蘿蔔絲與泡過水的馬鈴薯絲放入鍋中加點鹽，汆燙約 30 秒，水量需蓋過食材。

3. 煮過後撈起泡一下冷水。從冷水中撈起後加入調味料抓拌均勻即可。

涼拌冬粉

在全世界都受到歡迎的豐盛料理

材料（8人份）

冬粉 300公克	◇調味料◇	
菠菜 300公克	鹽 1.5大匙	
雞蛋 2顆	黑胡椒粉 1.5大匙	
新鮮香菇 300公克	醬油 6大匙	
紅蘿蔔 1條	香油 5大匙	
洋蔥 1個	大蒜泥 2大匙	
紅椒 1個	芝麻粒 3大匙	
黃椒 1個		
油 ....適量		

作法

1. 冬粉先放入水裏泡 30 分鐘直至軟化。

2. 另取一鍋水，水滾後再將冬粉放入煮 5 分鐘直至熟透（需保持彈性），用冷水沖過 4、5 次，瀝乾後冷卻。

3. 將所有蔬菜洗淨、紅蘿蔔去皮，一起和洋蔥、紅椒、黃椒切絲；新鮮香菇切片；菠菜切段。

4. 鍋中加點油，將作法 3 的蔬菜一起入鍋炒。

5. 炒熟後盛出，加入冬粉和調味料抓拌均勻。

6. 蛋白和蛋黃分開後各別打勻，油熱後，蛋黃放入鍋中煎成薄片。

7. 另起鍋煎蛋白，蛋白不能煎得太焦，要保持白白透透的顏色。

8. 分別將煎好的蛋白和蛋黃皮放涼後抓住兩端由內往外捲起來再切絲，放在冬粉上當作裝飾即可。

先將冬粉泡水。

煮熟後的冬粉沖冷水瀝乾。

蔬菜洗淨後切好備用。

將作法3的蔬菜入鍋炒。

加入調味料抓拌。

取蛋黃打勻煎成薄片變蛋皮。

蛋白煎成薄片變蛋皮。

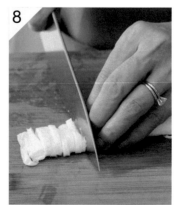

蛋皮捲起來後切絲。

TIPS

- 這道菜中的醬油，可以用自己喜歡的醬油來替換，台灣品牌也可以。
- 這道菜建議當天吃完喔！
- 芝麻粒可以先留下少許，最後撒在料理上裝飾。

辣涼拌透抽

清爽中帶有嚼勁的海鮮滋味

材料（8人份）

		◇調味料◇	
透抽	300公克	辣椒醬	2大匙
蘋果	1顆	鹽	¼茶匙
小黃瓜	1條	醋	3大匙
洋蔥	¼顆	辣椒粉	1大匙
紅辣椒	1根	大蒜泥	1大匙
		芝麻粒	1大匙
		二砂糖	2大匙

作法

1. 將透抽頭部抽出來，外皮不要剝掉。
2. 取出內部的軟骨。
3. 再將內臟取出，留身體備用。
4. 頭部沿著眼睛的周圍，將透抽的眼睛剪下捨去不用。
5. 將處理過的透抽放入滾水煮 3 分鐘燙熟後，再冰鎮 15 分鐘。
6. 冰鎮後，把透抽切成 1 公分寬的小圈。
7. 小黃瓜、蘋果、洋蔥洗淨後，切 0.5 公分條狀，紅辣椒洗淨切斜片，再把所有食材加入調味料一起抓拌均勻即可。

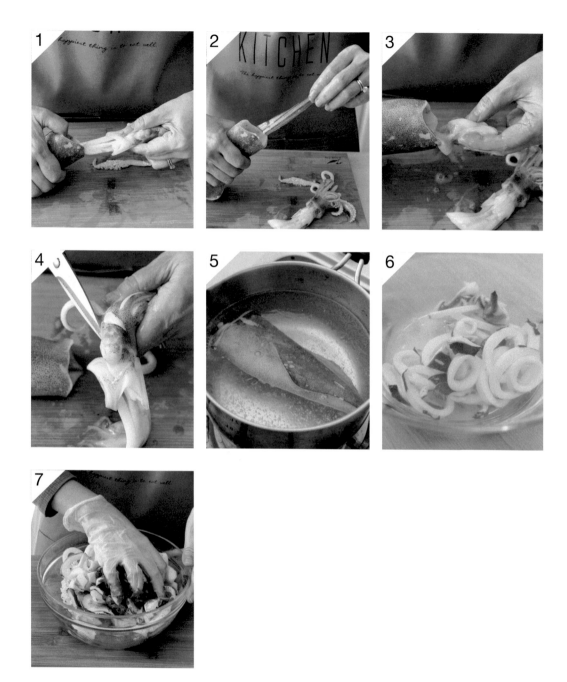

TIPS

- 剪去透抽眼睛時，只要小心一點，不要太靠近眼睛部位，就可以避免墨汁噴出來。
- 芝麻粒可以先留下少許，最後撒在料理上裝飾。

黃豆芽涼拌麵

酸酸甜甜辣辣的好味道

材料（2人份）

		◇調味料◇	
麵條	2人份	鹽	¼茶匙
黃豆芽	60公克	醋	4大匙
高麗菜	100公克	香油	1大匙
紅蘿蔔	30公克	汽水	2大匙
羅勒葉	適量	辣椒粉	2大匙
洋蔥	30公克	大蒜泥	1大匙
鹽	½茶匙	芝麻粒	1大匙
（汆燙豆芽菜用）		辣椒醬	3大匙
		二砂糖	3大匙

作法

1. 黃豆芽洗淨後先用加入鹽的滾水燙過，撈起冷卻。

2. 紅蘿蔔去皮後一起和高麗菜、洋蔥洗淨切絲，把麵煮好拌入香油放涼。

3. 將豆芽菜擠乾水分、羅勒葉洗淨後切絲，和所有蔬菜與麵放在一起，再加入調好的調味料，抓拌均勻即可。

TIPS

- 台灣因季節關係買不到韓國芝麻菜，經過試驗後台灣的羅勒葉很適合用在這道菜。
- 加入汽水可以讓菜品的口感更清爽。
- 芝麻粒可以先留下少許，最後撒在料理上裝飾。

豆漿冷麵

夏天必吃的清爽料理

材料（3人份）

細麵線.....................1把	◇調味料◇
黃豆................200公克	帶顆粒的花生醬（或松子）
小黃瓜...................1根	.............................1大匙
番茄......................1顆	芝麻粒.....................少許
雞蛋......................1顆	鹽.........................少許
水.....................900公克	
	◇其他◇
	濾布..........................1條

作法

1. 黃豆泡 6 小時至軟化後，以雙手搓去外皮，用水煮 7 分鐘，確認煮熟後以冷水洗過，再放入果汁機中，加 900 公克的水打成漿後，再用濾布濾出豆漿。
2. 將花生醬與鹽放入果汁機和豆漿一起打勻後備用。
3. 番茄切片、小黃瓜切絲，另起鍋將雞蛋和麵線煮好，即可盛出倒入湯碗中。
4. 湯碗中放入作法 2 打好的漿汁，再放入番茄片、雞蛋，最後撒上芝麻粒即可享用。

TIPS

● 傳統作法只用黃豆即可做成豆醬冷麵。

Chapter **2**

從小菜開始掌握正宗韓式料理

經典小菜，
餐桌上的最佳配角

白蘿蔔小菜

簡單清爽又不花時間的常備小菜

材料（20人份）

白蘿蔔 500公克

◇調味料◇

二砂糖 4大匙

醋 3大匙

鹽 1茶匙

TIPS

● 放入冰箱冷藏，可以保存 1 個月。

作法

1. 白蘿蔔去蒂頭、洗淨削皮後，切成薄薄的圓片。

2. 將切好的白蘿蔔放入大容器內，加入鹽、醋與二砂糖，抓拌一下讓調味料入味即可。

馬鈴薯小菜

一種食材也能有多變風味

材料（10人份）

馬鈴薯 600g

◇調味料◇

鹽 2茶匙

沙拉油 1大匙

二砂糖 1.5大匙

辣椒粉 1.5大匙

醬油 1.5大匙

水 150公克

TIPS

• 放冰箱冷藏，可保存 2 天。

作法

1. 馬鈴薯洗淨後削皮切塊，再放入鍋子裏。

2. 加入材料中的調味料以及水 150 公克，以中火煮滾，再轉小火煮 25 分鐘至軟即可。

櫛瓜小菜

感受蝦醬帶來的獨特風味

材料（4人份）

櫛瓜 .. 2條（約400公克）

油 1大匙

◇調味料◇

大蒜泥 1大匙

蝦醬 1大匙

香油 1大匙

水 .... 適量

芝麻粒 .... ½茶匙

紅辣椒 1條

作法

1. 將櫛瓜洗淨後切成半圓形片狀，紅辣椒切碎粒備用。

2. 將油倒入鍋中，櫛瓜放入鍋中拌炒炒軟後，再加入蝦醬、大蒜泥。可先一邊嘗嘗味道，
   為避免太乾，需要時可適量的加水。

3. 加入辣椒碎、香油略炒一下，起鍋前放入芝麻粒增香即可。

TIPS

• 小菜需當天吃完。

• 若喜歡較軟的口感，可以先將櫛瓜用鹽巴抓一抓，醃個10分
  鐘，讓櫛瓜先軟化，記得先將鹽洗乾淨後再入鍋炒。

辣炒堅果小魚乾

營養豐富又下飯的超好吃配菜

材料（4人份）

小魚乾.............. 150公克
杏仁粉.....................1大匙
杏仁片.....................2大匙
核桃.......................2大匙
糯米椒 1條（約120公克）
紅辣椒 1小條（約10公克）
大蒜.....................20公克
油 2大匙

◇調味料◇

玉米糖漿 2大匙
芝麻油 2大匙
湯醬油 1大匙
芝麻粒 2大匙

作法

1. 核桃先入烤箱烘烤一下，糯米椒切段、紅辣椒切斜片、大蒜切片備用。

2. 鍋內放入 2 大匙油，等鍋熱以後，再放蒜片炒香，再將糯米椒、小魚乾、湯醬油放入鍋中拌炒，最後再放入芝麻油。

3. 起鍋前加入核桃、杏仁片、杏仁粉、玉米糖漿與紅辣椒拌炒一下，再撒上芝麻粒即可。

炒牛蒡絲

沒有辣椒也能呈現的韓式美味

材料（10人份）

牛蒡 500公克
油 2大匙

◇調味料◇

調味料A

味醂 2大匙
二砂糖 2大匙
醬油 4大匙
香油 1大匙
水 250公克
昆布 1小片

調味料B

醋 2大匙
鹽 1茶匙
玉米糖漿 3大匙
芝麻粒 1大匙

作法

1. 牛蒡洗淨去皮切絲，泡水以免氧化。

2. 放入 2 大匙的油熱鍋，將牛蒡絲與昆布、醬油、二砂糖、味醂一起放入鍋中以香油炒軟，過程中加入 250 公克的水，再加入調味料 B，持續拌炒至收汁。

3. 把昆布撈出來後，即可盛盤。

TIPS

● 放冰箱冷藏，可保存1 星期。

● 牛蒡的好處是吃稍微生一點也很營養，因此不必太過擔心自己炒不熟喔！

蓮藕 小菜

色香味俱全的簡易料理

材料（6人份）

蓮藕 500公克

◇調味料◇

蜂蜜 1大匙
芝麻粒 1大匙
香油 1大匙
玉米糖漿 2大匙
昆布 1小片
醋 2大匙
醬油 4大匙
水 350公克

作法

1. 蓮藕洗淨切 1 公分厚，泡在水裏，記得先加 1 大匙醋好防止氧化。

2. 鍋中加 1 大匙醋和蓋過食材的水量煮開，放進切好的蓮藕煮約 5 分鐘，把水倒掉不用。

3. 重新裝水 350 公克，放入昆布和蓮藕一起煮，再把其他調味料都放進鍋中，煮 30 分鐘後，把昆布取出不用，即可盛盤上桌。

TIPS

● 芝麻粒可以先留下少許，最後撒在料理上裝飾。

醬燒鵪鶉蛋

韓國孩子們最愛的菜色

材料（6人份）

鵪鶉蛋 600公克

◇調味料◇

醬油 5.5大匙
二砂糖 3大匙
芝麻粒 1大匙
玉米糖漿 2大匙
水 500公克
蔥 1支
大蒜 6個
昆布 .... 少許

作法

1. 蔥切段後放入鍋中，加水 500 公克和鵪鶉蛋、昆布、大蒜、醬油、二砂糖一起以大火煮滾，再轉中火繼續煮。

2. 煮到作法 1 的湯汁收汁（約 30 分鐘左右），讓蛋入味上色。

3. 加入 2 大匙的玉米糖漿，可以讓蛋的外表更具光澤，接著把昆布撈出不用，將其餘的食材盛盤，最後撒上芝麻粒裝飾即可。

醃漬辣椒

體會時間帶來的美味

材料

新鮮青辣椒 600公克

◇醃料◇

二砂糖 350公克

醬油 350公克

醋 350公克

◇醬汁◇

芝麻粒 1大匙

大蒜泥 1大匙

辣椒粉 1大匙

辣椒醬 1大匙

作法

1. 青辣椒洗淨擦乾，並用牙籤在青辣椒上戳洞，好吸收醬汁。

2. 將醬油、醋和二砂糖放入鍋中以大火煮開，成為醃料備用。

3. 將作法 2 煮好的醃料倒入乾淨容器中，放入青辣椒並用碗壓著、蓋上蓋子醃漬一星期，直至青辣椒變色。

4. 要吃之前把青辣椒撈出瀝乾，將醬汁材料全數混合後再拌入即可。

TIPS

● 青辣椒洗乾淨後一定要擦乾，才不會影響成品的保存期限，做好後可保存1個月。

Chapter **3**

正統韓式主食一點也不難

飯麵粥，
為你補充滿滿能量

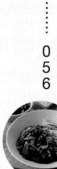

石鍋拌飯

每個人都吃過的經典韓式料理

材料（5～6人份）

梅花豬肉片 300公克
菠菜 300公克
黃豆芽 300公克
蕨菜 ....¼把
香菇 300公克
紅蘿蔔 300公克
白蘿蔔 600公克
白飯 ....5～6碗
香油 . ½茶匙（抹石鍋用）

◇調味料◇

A 菠菜（300公克）

大蒜泥..............1茶匙
鹽 .... ½茶匙（汆燙用）
鹽 .... ½茶匙（調味用）
香油 1大匙
芝麻粒 1大匙

B 黃豆芽（300公克）

大蒜泥..............1茶匙
鹽 .... ½茶匙（汆燙用）
鹽 .... ½茶匙（調味用）
香油 1大匙
芝麻粒 1大匙

C 香菇（300公克）

大蒜泥..............1茶匙
鹽 ....½茶匙
油 2大匙

D 蕨菜（¼把）

醬油 1茶匙

鹽 1茶匙
大蒜泥 1大匙
胡椒粉 ....½茶匙
香油 1匙

E 白蘿蔔絲（300公克）

油 2大匙
鹽 ....½茶匙
大蒜泥..............1茶匙
水 200公克

F 辣蘿蔔絲（300公克）

鹽 ....½茶匙
粗辣椒粉 15公克
二砂糖 15公克
芝麻粒 1茶匙
醋 15公克
蔥花 10公克
大蒜泥 10公克
老薑泥 5公克
魚露 7公克

G 紅蘿蔔絲（300公克）

油 2大匙
水 200公克
芝麻粒 1大匙
鹽 ....½茶匙

◇梅花肉醬汁◇

老薑泥 ....½茶匙
大蒜泥 1大匙
香油 1大匙

水梨泥 1匙
胡椒粉 ....¼茶匙
鹽 ....¼茶匙
味醂 1.5大匙
芝麻粒 ....½茶匙
醬油 1.5大匙

◇拌飯醬◇

醋 1大匙
辣椒醬 3大匙
二砂糖 1大匙

作法

1. 先把菠菜洗淨後加鹽用水燙過並切段，放在冷開水中，有助於保持顏色。另將菠菜的調味料混合，再將菠菜與調味料 A 抓拌均勻備用。

2. 黃豆芽洗淨加鹽用水燙熟，將調味料 B 與豆芽一起抓拌均勻備用。

3. 香菇切片炒熟，紅蘿蔔與白蘿蔔洗淨去皮後切絲，再將 3 個蔬菜和所需的調味料分別炒乾。

4. 肉先切絲，加入醬汁材料混合成的梅花肉醬汁，先醃約 1 小時，再入鍋炒熟。

5. 蕨菜泡軟後煮 10 分鐘，清洗過 2 次後繼續泡水，確認煮軟了後切段。另外再放入蕨菜的調味料 D 炒至收乾。

6. 石鍋內抹上 ½ 茶匙的香油，放入飯後，依序把炒好的配料鋪排擺好，再加入作法 3 的白蘿蔔絲、紅蘿蔔絲和辣蘿蔔絲泡菜。

7. 將拌飯醬的材料拌在一起成為拌飯醬後加入石鍋中，放在瓦斯爐用中火烤 5 分鐘即可享用。

TIPS

- 石鍋拌飯的搭配，還可以放海苔絲，甚至放上一顆蛋黃也可以。傳統的韓國家庭，還一定會放上炒蘿蔔。

韓國紫菜飯捲

所有好料一口吃

材料（10人份）

梅花肉 300公克
魚板 6片
蟹肉棒 1包
起司片 4片
無鹽韓國海苔 1包
雞蛋 5顆
菠菜 300公克
紅蘿蔔 340公克
小黃瓜 2條
牛蒡 280公克
白蘿蔔 400公克
白飯 10碗

◇調味料◇
A白蘿蔔
醋 2.5大匙
二砂糖 3.5大匙
鹽 ....½茶匙

B牛蒡
沙拉油 1大匙
大蒜泥 1大匙
醬油 1大匙
醋 1大匙
二砂糖 1大匙
鹽 ....¼茶匙
水 200公克

C魚板
大蒜泥 1大匙
醬油 1大匙
粗辣椒粉 1大匙
沙拉油 1大匙
香油 1大匙
水 200公克

D菠菜
鹽 ... ½茶匙（汆燙用）
鹽 ... ½茶匙（調味用）
大蒜泥 ....½茶匙
香油 1茶匙
芝麻粒 1茶匙

E紅蘿蔔
鹽 ....½茶匙
油 1大匙

◇醃肉料◇
香油 1大匙
味醂 1茶匙
醬油 1.5匙
胡椒粉 ....¼茶匙
老薑泥 ....½茶匙
大蒜泥 1大匙
水梨泥 1匙
芝麻粒 ....½茶匙
二砂糖 1大匙
蔥花 2大匙

作法

1. 白蘿蔔去皮切條後，用調味料 A 先醃 1 天。

2. 牛蒡切絲後，加入調味料 B 炒乾，並且先煮好白飯。

3. 魚板切條，放入鍋中，加入調味料 C 將魚板炒熟。

4. 菠菜加鹽用水燙好擠乾水分，放入調味料 D 抓拌均勻。

5. 紅蘿蔔切絲，和調味料 E 一同放入鍋中炒至湯汁收乾。

6. 梅花肉切絲用醃肉料炒熟，將雞蛋打散煎成蛋皮後切成絲。

7. 取一張海苔放在竹簾上，於海苔上平鋪好白飯，先放上起司，再將其餘所有炒好的材料鋪排在中間，最後用捲壽司的方式捲起。

8. 另取一張海苔，鋪好白飯，並在中間留下凹槽，可製作水滴型飯捲。

9. 放上小黃瓜、起司片和乾煎過的蟹肉棒等，食材可以隨自己喜好變化。

10. 捲起時，直接以對折的方式，讓海苔的兩邊對齊。

11. 用雙手握住竹簾，稍微用力壓邊，讓邊緣可以黏起，水滴型飯捲就完成了。

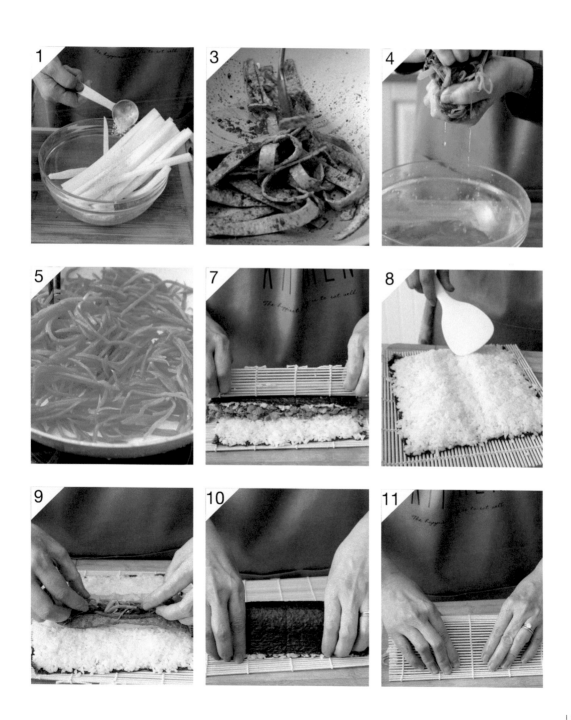

炸醬飯

和韓劇主角一起吃外賣經典

材料（4人份）

梅花肉 200公克
白飯 4碗
洋蔥 300公克
高麗菜 100公克
紅蘿蔔 50公克
馬鈴薯 150公克
小黃瓜 .... 少許
油 5大匙

◇調味料◇

炸醬醬 5大匙
地瓜粉 2大匙
水 600公克
二砂糖 1.5大匙

作法

1. 梅花肉切塊、紅蘿蔔和馬鈴薯去皮後一起與洋蔥、高麗菜切小塊，小黃瓜切絲。

2. 鍋中先放油，梅花肉入鍋稍微拌炒後，再放入蔬菜塊持續拌炒至蔬菜軟化；地瓜粉加入 600 公克的水和二砂糖做成勾芡備用。

3. 最後加入炸醬醬一起拌炒，放入勾芡，炒好後倒在飯上，再放上小黃瓜絲即可。

TIPS

● 也可以用400 公克的麵條取代白飯，做成炸醬麵。

● 如果試吃發現味道不夠甜，可再加點二砂糖。

乾炸醬麵

大人喜愛的正統風味

材料（2人份）

五花肉 100公克

日式拉麵 2人份

洋蔥 300公克

小黃瓜 .... 少許

紅辣椒 .... 少許

高麗菜 100公克

韭菜 30公克

油 5大匙

◇調味料◇

炸醬醬 3大匙

二砂糖 1大匙

作法

1. 韭菜切段，紅辣椒切斜片，五花肉、洋蔥和高麗菜切塊，小黃瓜切絲。

2. 起鍋熱油，把肉放入鍋中炒至表面無血色，再加入洋蔥、小黃瓜絲、高麗菜、炸醬醬、二砂糖一起炒。

3. 另起一鍋煮麵，水滾後放入麵條煮 5 分鐘後撈出。

4. 最後把辣椒和韭菜放入作法 2 的鍋中稍微炒一下，即可盛出放在煮好的麵上。

蔬菜雞蛋稀飯

一定能讓小朋友吃光光的好料

材料（3～4人份）

黑木耳 .... 少許
高麗菜 100公克
紅蘿蔔 50公克
地瓜 75公克
洋蔥 75公克
雞蛋 2顆
白飯 1碗
水 800公克

◇調味料◇

蔥花 20公克
海苔絲 .... 少許
胡椒粉 .... 少許
鹽 .... ½茶匙
香油 .... 少許

作法

1. 地瓜、紅蘿蔔去皮後和洋蔥一同切碎丁，黑木耳、高麗菜洗淨切碎。

2. 將作法1的切好的蔬菜和白飯放入鍋中加水800公克，以小火煮到稠狀。

3. 先打入雞蛋，再陸續加入胡椒粉、鹽、香油、海苔絲，最後撒上蔥花即可。

TIPS

● 你也可以試試看韓國人煮粥的方法：在作法2加糯米粉，可以增加稠度。

南瓜粥

一吃就會愛上的香甜滋味

材料（5人份）

南瓜 350公克
米 170公克
糯米 1大匙
鹽 1大匙
二砂糖 1大匙
水 2000公克

作法

1. 米和糯米浸泡 1 個晚上，南瓜洗淨削皮切成片狀。

2. 將泡好的米和切片的南瓜一起放入果汁機，加水 200 公克後攪打成稠狀。

3. 將打好的南瓜泥放入鍋中加水 1800 公克以大火熬煮，煮滾後轉中火再繼續煮 20 分鐘。最後再加鹽和二砂糖拌一下即可上桌。

TIPS

● 煮南瓜粥的時候，要一邊煮一邊攪拌，才不會黏鍋。如果還覺得不夠甜的話，可以再依個人口味加入適量的二砂糖調味。

Chapter **4**

1個人吃好，大家一起享用也好

泡菜與煎餅，
正統韓式風味

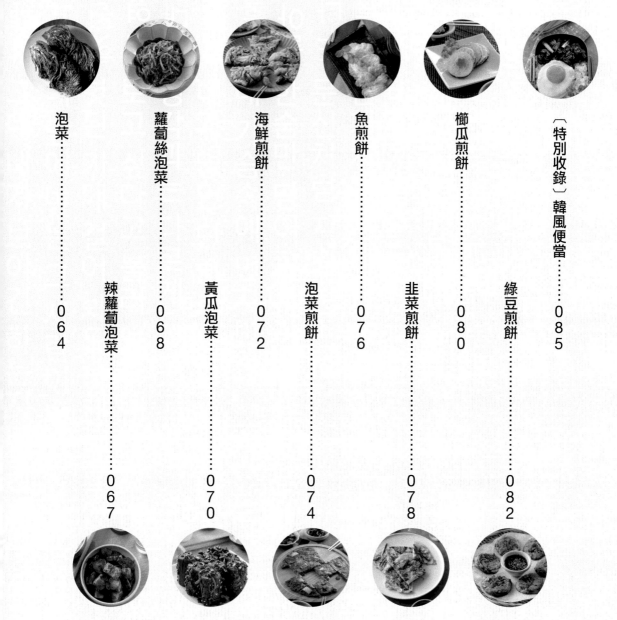

泡菜

學會泡菜才算學會韓式料理

材料（8人份）

山東大白菜 .... 1300公克（約半顆）	◇調味料◇	◇糯米糊◇

山東大白菜 ....
...... 1300公克（約半顆）

白蘿蔔 450公克

紅蘿蔔 100公克

洋蔥 50公克

新鮮紅辣椒 10公克

◇調味料◇

魚露 4大匙

二砂糖 4大匙

鹽 5大匙

韓國蝦醬 1大匙

粗辣椒粉 180公克

蘋果泥 100公克

老薑泥 1大匙

大蒜泥 3大匙

蔥花 20公克

水 110公克

◇糯米糊◇

糯米粉 2大匙

水 300公克

作法

1. 將大白菜每一片菜葉都抹上鹽。

2. 找個大容器，放進白菜，並用重物壓住，每半小時翻面一次，醃 1～2 小時。若一次要醃較多數量，白菜要頭尾交錯擺放。

3. 製作糯米糊：將糯米粉加入 300 公克的水中，煮滾調勻。

4. 紅蘿蔔、白蘿蔔去皮後和洋蔥一起切絲備用，再以 10 公克的水將紅辣椒打成泥，最後用 100 公克的水將紅辣椒泥、蔥花、所有調味料與切好的蔬菜拌勻。

5. 作法 4 拌勻後，加入糯米糊再抓拌均勻，做成醃料備用。

6. 先將白菜的外部塗抹上作法 5 的醃料。

7. 再將白菜一葉一葉打開，裏外都均勻塗上作法 5 的醃料，全部塗滿即可，建議可先放 1 天待入味後再享用。

TIPS

● 做醃料最簡單的方法：將大蒜、老薑、蘋果、紅辣椒全部放入果汁機中，用110 公克的水打成汁，這樣也比較省時間。

將白菜菜葉抹鹽。

把白菜放進大容器中。

糯米粉和水煮滾調勻成糊。

將蔬菜切好,拌入調味料。

加入糯米糊拌勻做成醃料。

將白菜外部塗上醃料。

把醃料均勻塗滿白菜裏外。

TIPS

- 挑選白菜的時候,選擇重量輕一點、菜葉新鮮一點的比較好。而且台灣產的白菜醃製只需要1 小時,進口白菜則需要醃製2 小時。
- 最好找石頭來壓,才會快速醃好。
- 冷藏可保存3 個月。

泡菜保存方式

製作好的泡菜裝入玻璃罐或專用泡菜盆,可放在室溫中,建議每隔24 小時打開透氣一下;冬天,需發酵3 天後冷藏保存,夏天則是發酵1 天後就要冷藏。要吃的時候再取出需要的分量即可。

辣蘿蔔泡菜

簡單不失敗的經典料理

材料

白蘿蔔 1000公克
蔥 1支
鹽 1大匙

◇調味料◇

辣椒粉 5大匙
大蒜泥 2大匙
老薑泥 1茶匙
魚露 1大匙
二砂糖 4大匙

TIPS

● 冷藏可保存2個月。

作法

1. 白蘿蔔洗淨去皮後，切成約 3 公分的塊狀，用鹽醃漬 1 小時。

2. 醃漬好後，不必沖洗，直接加入切段的蔥和調味料拌勻即可。

蘿蔔絲泡菜

不到 1 小時就能完成

材料

白蘿蔔 600公克
鹽 1茶匙

◇調味料◇

粗辣椒粉 3.5大匙
二砂糖 2大匙
芝麻粒 1大匙
魚露 1大匙
醋 2大匙
蔥花 25公克
大蒜泥 1.5大匙
老薑泥 1茶匙

作法

1. 將白蘿蔔洗淨去皮後切成絲，放入鹽，醃漬約 30 分鐘。
2. 醃漬後的白蘿蔔會開始出水，需先擠乾水分。
3. 再將調味料和已經擠乾的白蘿蔔絲混合，抓拌一下即可。

TIPS

● 水要盡量擠乾，才會好吃喔！冷藏可保存1星期。

黃瓜泡菜

韓國家庭裏的傳統菜色

材料（2人份）

小黃瓜 730公克	◇調味料◇	◇糯米糊◇
紅蘿蔔 20公克	鹽 3大匙	糯米粉 1大匙
韭菜 80公克	粗辣椒粉 7大匙	水 150公克
	二砂糖 2大匙	
	魚露 1.5大匙	
	大蒜泥 1大匙	
	老薑泥 ....½大匙	
	蘋果泥 70公克	
	蔥花 2大匙	

作法

1. 小黃瓜先用水洗淨後，切成 7 公分左右的長段，每段中間切十字。撒上 3 大匙的鹽後，醃漬 1 小時，用開水洗 3 ～ 4 次後再瀝乾。

2. 將糯米粉和水調勻煮滾成糯米糊，再拌入混合後的調味料。

3. 將去皮的紅蘿蔔切絲、韭菜切段後，一起加入作法 2 的調味料拌勻混合，再塞入小黃瓜的十字切口中即可。

TIPS

- 冷藏可保存 1 星期。
- 若試吃後覺得鹹度不夠，可以個人口味斟酌再加入適量的鹽調整。

海鮮煎餅

韓國家庭的雨天料理

材料（4人份）

牡蠣 6顆	韭菜 10公克	◇沾醬◇
透抽 20公克	洋蔥 20公克	醬油 3大匙
蝦仁 60公克	香菇 1朵	醋 1大匙
煎餅粉（或麵粉）..........	紅蘿蔔 15公克	二砂糖 2大匙
.....................50公克	紅辣椒（不辣）........1條	辣椒粉 1茶匙
炸粉（或地瓜粉）..........	雞蛋 2顆	大蒜泥 1茶匙
...................100公克	鹽 1茶匙	芝麻粒 1茶匙
水 105公克	（抓牡蠣用）	蔥花 1茶匙

作法

1. 透抽去除內臟後切成 0.3 公分厚、蝦仁去泥腸，牡蠣用鹽抓一下洗乾淨備用。
2. 韭菜切成 5 公分長段、紅辣椒切段、洋蔥和紅蘿蔔切絲、香菇切片。
3. 把炸粉、煎餅粉、雞蛋和水 105 公克和勻成麵糊；再放入所有食材，充分裹上麵糊。
4. 起鍋熱油，將調好的麵糊放入鍋中，煎至兩面都呈現金黃色。
5. 將全部的沾醬材料一起放入小碟子中攪拌均勻成為沾醬，即可和海鮮煎餅一起上桌。

TIPS

- 透抽也可以換成魷魚。
- 若煎餅粉改成麵粉、炸粉改成地瓜粉的話，麵糊就需另外放適量的鹽調味。
- 做煎餅時留一點麵糊備用，可填補煎餅的形狀，讓煎餅更好看。
- 紅辣椒先留下一些，待麵糊都入鍋煎至半熟時再放入，可以讓煎餅完成後有漂亮的紅色點綴。

泡菜煎餅

韓國家庭中最常見的菜色

材料（4人份）

泡菜 200公克

炸粉 120公克

煎餅粉 60公克

雞蛋 2顆

油 5大匙

水 105公克

◇調味料◇

辣椒粉 1大匙

鹽 ....¼茶匙

蔥花 3大匙

作法

1. 將炸粉、煎餅粉、雞蛋和水 105 公克一起混合拌勻，做成麵糊。

2. 將泡菜放入麵糊中，加入辣椒粉和鹽拌勻。

3. 起鍋以小火熱油，待油熱將拌好的泡菜麵糊放入鍋中煎，直到兩面煎至金黃即可盛盤，並在最後撒上蔥花點綴。

魚煎餅

口感與營養兼具的美味炸物

材料（4人份）

鯛魚片 250公克

雞蛋 3顆

煎餅粉 30公克

◇調味料◇

米酒 1大匙

胡椒粉 .... ¼大匙

鹽 .... ½茶匙

作法

1. 鯛魚切斜片，並用紙巾吸乾水分，再刷上米酒、鹽與胡椒粉後靜置 10 分鐘。

2. 魚肉兩面都撒上煎餅粉。把蛋打成蛋汁，將撒上煎餅粉的魚片，沾裹蛋汁。

3. 以中火起鍋熱油，先確認油熱之後，將魚片放入鍋中炸至表面金黃即可。

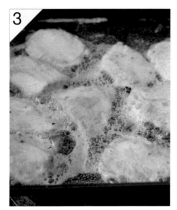

TIPS

* 如比較怕腥味，鯛魚也可加點檸檬汁去腥。

* 煎餅粉也可以用家裏常見的麵粉代替，但若用麵粉的話，
  麵糊則需另加適量的鹽調味。

* 熱油時，可先用蛋汁煎，若蛋汁迅速熟透就代表油夠熱。

韭菜煎餅

蔬菜也能成為煎餅主角

材料（4人份）

韭菜 80公克	◇醬汁◇
青辣椒 1條	大蒜泥 1大匙
紅辣椒 1條	醋 1大匙
櫛瓜 150公克	醬油 3大匙
雞蛋 2顆	辣椒粉 1大匙
煎餅粉 50公克	芝麻粒 1茶匙
炸粉 100公克	二砂糖 1.5大匙
油 7大匙	
蔥花 20公克	
水 105公克	

作法

1. 韭菜切成 5 公分小段、櫛瓜切絲、青辣椒切斜片。

2. 將煎餅粉、炸粉、雞蛋和水攪拌混合成麵糊，再把切好的蔬菜和蔥花放入，均勻地裹上麵糊。

3. 起鍋熱油，作法 2 的蔬菜糊倒入鍋中煎至兩面金黃，過程中可將紅辣椒切片後放在麵糊上，讓煎餅的顏色更豐富。

4. 醬汁材料混合後攪拌均勻一起放入小碟子中，即成為搭配煎餅的醬汁。

櫛瓜煎餅

精巧可愛的國民小菜

材料（4人份）

櫛瓜 300公克
雞蛋 2顆
煎餅粉 60公克
油 7大匙

◇沾醬◇

鹽 1茶匙
醋 1大匙
醬油 3大匙
芝麻粒 1茶匙
辣椒粉 1大匙
二砂糖 1大匙

作法

1. 櫛瓜切成 0.5 公分厚圓片；雞蛋打成蛋液備用。

2. 將櫛瓜兩面都撒上煎餅粉，並均勻裹上蛋液。

3. 起鍋熱油，把作法 2 的櫛瓜放入鍋油煎至表面金黃即可，沾醬材料混合後放入小碟子中攪拌均勻成為醬汁，就可以一起上桌。

TIPS

- 可以用模型壓出花形狀的紅蘿蔔當作裝飾嵌入櫛瓜中，紅蘿蔔同樣依作法2 處理，入鍋煎後再擺放上去，會更好看。

綠豆煎餅

生日、過年或特別的日子必吃的美味

材料（8人份）

乾綠豆（剝好皮）..........
..............200公克

綠豆芽 ....½包

紅辣椒 1條

發酵泡菜 150公克

梅花絞肉 100公克

韓國蕨菜 ....少許

糯米粉 60公克

水 100公克

◇沾醬◇

大蒜泥 1茶匙

醬油 3大匙

醋 1大匙

辣椒粉 1大匙

芝麻粒 1大匙

二砂糖 2大匙

◇調味料◇

蒜泥 1大匙

老薑泥 1茶匙

胡椒粉 ....¼茶匙

鹽 1茶匙

蔥花 1大匙

作法

1. 剝好皮的綠豆前一天先泡水或至少泡水 6 小時，泡好的綠豆會發脹變大。

2. 綠豆芽燙過、蕨菜泡軟、泡菜用開水洗過，3 種菜都切碎備用。

3. 將作法 2 切好的食材與絞肉放入盆中，再倒入調味料，靜置約 30 分鐘讓食材入味。

4. 把泡好的綠豆放入果汁機，加入 100 公克的水一起打成泥。

5. 在果汁機中加入糯米粉後攪打均勻。

6. 將作法 3 與作法 5 的成品一起攪拌均勻做成煎餅糊。

7. 起鍋熱油，將煎餅糊用湯匙舀成小份，在鍋中調整成圓形的形狀，煎至兩面金黃，最後再放上切斜片的紅辣椒和蔥花裝飾即可。

8. 將全部的沾醬材料放入小碟子中攪拌均勻，成為煎餅沾醬。

綠豆先泡水至少6小時。

綠豆芽、蕨菜、泡菜切碎。

倒入調味料後靜置。

綠豆和水打成泥。

加入糯米粉攪打均勻。

把作法3、5拌成煎餅糊。

將煎餅糊調整成圓形。

TIPS

- 泡菜洗過後，煎起來顏色會比較漂亮。
- 蔥花可以先留下少許，入鍋煎餅時放在上面裝飾，
  也可以依個人喜好加入沾醬。

韓風便當

在韓國家庭裏，媽媽總是會把晚上的菜色，再變化成便當，
隔天讓先生或是孩子們帶出門，你也一起試試看吧！

石鍋拌飯便當

雖然沒有了石鍋，但是豐富程度可一點
也沒少喔！

● **作法請見P.48**

飯捲便當

想要有個清爽的午餐時，就把漂亮的飯
捲裝進便當裡吧！

● **作法請見P.51**

經典便當

把經典的菜色各選一點到便當裡，光是
視覺上就讓人很滿足了。

● **作法請見P.80 櫛瓜煎餅、P.91 蔬菜蛋捲、
P.134 釜山豬肉湯**

炸醬便當

吸引人的乾炸醬再加個蛋，就是一個好
看又吃的便當。

● **作法請見P.54**

Chapter 5

甜甜辣辣才最對味

必備熱食，
熱辣過癮保證下飯

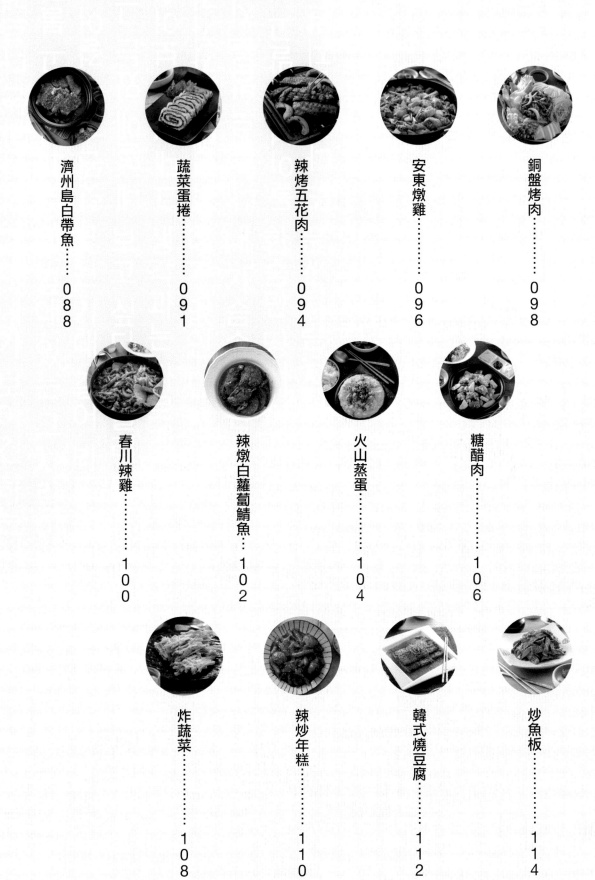

濟州島白帶魚

造訪濟州島必吃美食

材料（8人份）

白蘿蔔	600公克	◇高湯◇	
白帶魚	600公克	昆布	少許
洋蔥	半顆	大魚乾	60公克
辣椒	1條	水	700公克
蔥	40公克		

◇調味料◇

黑胡椒	½茶匙
米酒	2大匙
醬油	2大匙
玉米糖漿	2大匙
韓式辣椒粉	4大匙
韓式味噌醬	1大匙
大蒜泥	2大匙
韓式辣椒醬	1大匙
老薑泥	1大匙
砂糖	2大匙
芝麻粒 ....適量	

作法

1. 鍋中加700公克的水，放入大魚乾和昆布，煮20分鐘。
2. 將除了芝麻粒以外的調味料先混合拌勻。
3. 接下來處理魚：白帶魚尾端切斷，並在背鰭部分劃一刀，即可將整條背鰭撕下。
4. 將白帶魚的頭切一刀，劃開魚腹，取出魚肚中的內臟。
5. 直接以刀刮去魚的鱗片與外皮，洗乾淨後切段。
6. 白蘿蔔洗淨後切塊、洋蔥切條、辣椒和蔥切段。
7. 高湯內的昆布和大魚乾先拿出後，再放入白蘿蔔，先開大火過5分鐘後轉小火，共燉煮20分鐘，直到筷子可以輕易插入蘿蔔即可。
8. 把白帶魚排在煮好的白蘿蔔上。
9. 在鍋內倒入作法2調勻的調味料，將調味料均勻地抹在魚肉身上。
10. 最後加入洋蔥、蔥段和辣椒，再煮20分鐘，確認魚肉熟透再撒芝麻粒即可上桌。

調味料混合均勻。

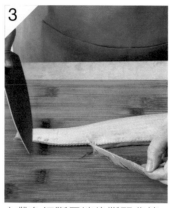

白帶魚切斷尾端後撕開背鰭。

取出白帶魚的內臟。

用刀刮去魚的鱗片和外皮。

將蔬菜分別切好備用。

白蘿蔔放進高湯燉煮20分鐘。

白帶魚排在煮好的蘿蔔上。

將調味料均勻抹在魚肉上。

加入洋蔥、蔥段和辣椒再煮20分鐘。

TIPS

- 因進口的白蘿蔔與台灣產的白蘿蔔在甜度上會有差異，所以如果選用進口白蘿蔔，只要加入任意的砂糖2 大匙就足夠了。若使用台灣產的白蘿蔔，比較不甜，需要加3 大匙的二砂糖喔！

蔬菜蛋捲

慢工出細活的漂亮料理

材料（3人份）

雞蛋 8顆

韭菜 60公克

紅蘿蔔 50公克

海苔 2張

油 5大匙

◇調味料◇

鹽 .... ¼茶匙

作法

1. 紅蘿蔔洗淨去皮，韭菜洗淨，分別切成丁狀。

2. 將雞蛋打成蛋汁，加入鹽與作法 1 的蔬菜。

3. 鍋中放入油，油熱後再將作法 2 倒入鍋中煎至 8 分熟成為蛋皮後翻面，並在蛋皮上放
   1 張海苔。

4. 將蛋皮前端捲起，並往前推，再補蛋液到鍋內空出來的空間。

5. 再放 1 張海苔到新倒入的蛋液上。

6. 將蛋捲由外朝自己的方向捲起。

7. 將蛋捲繼續捲起，直到鍋子底部。

8. 將蛋捲在鍋邊輕壓定型，並讓四面都煎至金黃即可。

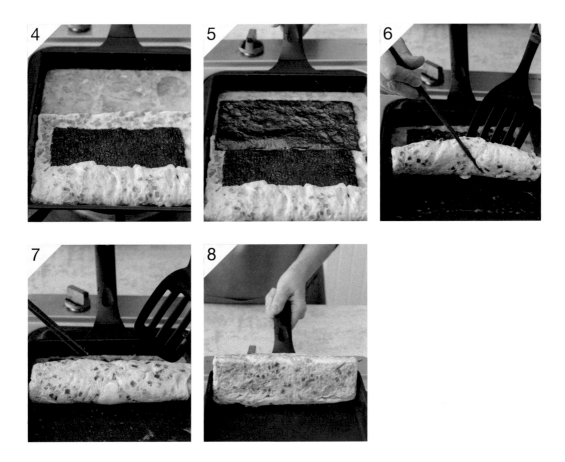

TIPS

● 沒有方形鍋子也沒關係，圓形平底鍋一樣可以製作。

辣烤五花肉

愈吃愈香的誘人烤肉料理

材料（3～4人份）

五花肉 600公克

洋蔥 100公克

紅蘿蔔 30公克

◇調味料◇

水 1大匙

香油 1大匙

米酒 1大匙

辣椒粉 1大匙

胡椒粉 .... ½茶匙

辣椒醬 3大匙

二砂糖 1.5茶匙

大蒜泥 1大匙

老薑泥 1茶匙

作法

1. 去皮的紅蘿蔔和洋蔥切絲。

2. 將所有調味料與切成 1 公分厚的五花肉條、洋蔥絲和紅蘿蔔絲一起混合均勻，醃約 3 小時至五花肉條入味。

3. 取出烤盤，將肉排放好，可以隨意加入自己喜歡的蔬菜，等肉烤熟後，用剪刀剪小塊就可以吃了。

安東燉雞

學一道韓國在地料理

材料（4～6人份）

雞肉塊	600公克
冬粉	100公克
紅蘿蔔	300公克
蔥	1根
洋蔥	1顆
栗子地瓜	500公克
糯米辣椒	少許
紅辣椒	1條
水	700公克

◇調味料◇

調味料A

月桂葉	3～4片
米酒	3大匙
老薑片	少許
味噌醬	1茶匙

調味料B

大蒜泥	2大匙
二砂糖	1大匙
醬油	4大匙
胡椒粉	½茶匙
蠔油	2大匙
香油	2大匙

作法

1. 調味料 A 放入鍋中加適量的水滾開後，再放入雞肉塊滾煮去腥，完成後即可將水倒掉不用。

2. 去皮的紅蘿蔔、地瓜切滾刀塊；糯米辣椒、紅辣椒切斜片；蔥切段；洋蔥切塊；冬粉先泡軟備用。

3. 作法 1 的雞肉取出放入炒鍋中加入 700 公克的水煮 30 分鐘，再把所有切好的蔬菜放入，加入調味料 B 後，直接以中火開始拌炒，再繼續燉煮 20 分鐘，等到最後 5 分鐘再放入冬粉即可。

TIPS

• 最後可撒上適量的芝麻粒在料理上做裝飾。

銅盤烤肉

把經典料理搬上自家餐桌

材料（4人份）

梅花豬肉 600公克	糯米椒 1條	胡椒粉 .... ½茶匙
韓國冬粉 30公克	辣椒 1條	老薑泥 2茶匙
韓國年糕片 .... 少許	中華豆腐 50公克	大蒜泥 4大匙
高麗菜 300公克		水梨泥 4大匙
金針菇 70公克	◇調味料◇	芝麻粒 2大匙
青江菜 2根	洋蔥泥 2大匙	二砂糖 .... ½茶匙
雪白菇 70公克	香油 2大匙	蔥花 2大匙
鴻禧菇 70公克	味醂 6大匙	水 6大匙
紅蘿蔔 .... 少許	醬油 5大匙	

作法

1. 將梅花豬肉切 0.3 公分厚，所有調味料都平均分成兩份，先取一份醃肉醃約 1 小時。

2. 蔬菜、椒類與菇類洗淨後切約 3 公分厚度的絲狀，和年糕片、豆腐片以及泡軟的冬粉一起擺上銅盤，接著取另一份調味料混合均勻，吃的時候再淋上就可以了。

1

2

春川辣雞

在家也能吃道地韓國料理

材料（4人份）

		◇調味料◇	
去骨雞腿肉	500公克	醬油	2大匙
條狀年糕	10條	韓國辣椒醬	23公克
高麗菜	¼顆	鹽	½茶匙
新鮮香菇	6朵	胡椒	½茶匙
蔥	20公克	韓國辣椒粉	2茶匙
地瓜	1顆	大蒜泥	3大匙
紅蘿蔔	50公克	芝麻油	1大匙
洋蔥	½顆	米酒	3大匙
		芝麻粒	少許
		二砂糖	2.5大匙

作法

1. 去骨雞腿肉切成厚3公分的塊狀，調味料全部混合後放入雞腿肉一起抓拌均勻，醃製1小時至肉入味。

2. 去皮的紅蘿蔔和地瓜切片；洋蔥切0.5公分厚；高麗菜切3公分厚、長度10公分；香菇切片；蔥切段。

3. 最後把醃好的肉、蔬菜和年糕都放在鍋裏乾炒至熟即可。

TIPS

• 也可以用馬鈴薯替代地瓜。

辣燉白蘿蔔鯖魚

百變鯖魚的韓式風味

材料（3人份）

		◇調味料◇		◇高湯◇	
鯖魚	1條	鹽	1茶匙	白蘿蔔	¼條
糯米辣椒	1條	辣椒粉	2大匙	大魚乾	少許
紅辣椒	1條	醬油	3大匙	昆布	少許
		韓國燒酒	3大匙	蔥段	少許
		胡椒粉	少許	洋蔥	半顆
		二砂糖	1.5大匙	水	1500公克
		大蒜泥	1大匙		
		辣椒醬	1大匙		

作法

1. 蔬菜先洗淨，白蘿蔔去皮後切半圓形，洋蔥切成條狀，紅辣椒和糯米辣椒皆切斜片，魚斜切成塊備用。

2. 把洋蔥、白蘿蔔、蔥段、大魚乾、昆布和 1500 公克的水放入鍋中熬煮 20 分鐘成為昆布高湯，之後將昆布、大魚乾撈出不用。

3. 取另外一個湯鍋，先放入紅辣椒和糯米辣椒，再將魚肉和所有調味料放入湯鍋中，倒入作法 2 的高湯料，一起燉煮 20 分鐘，確認魚肉熟透即可。

TIPS

- 因為白蘿蔔會出水，因此加入鍋中的高湯可以不必淹過材料。
- 放冰箱隔夜吃，會更入味。
- 可用少許芝麻粒，最後撒在料理上裝飾。

火山蒸蛋

經典不敗的蛋料理

材料（4人份）

		◇調味料◇		◇昆布高湯◇	
雞蛋	7顆	魚露	1大匙	昆布	少許
蟹肉棒	2條	二砂糖	¼茶匙	水	500公克
起司絲	25公克	鹽	¼茶匙		
香油	½茶匙	蔥花	少許		
（抹陶鍋用）		芝麻粒	少許		

作法

1. 雞蛋打散成蛋液。

2. 將昆布放入湯鍋中，加入 500 公克的水煮 20 分鐘後把昆布撈出，成為昆布高湯。

3. 在已經抹上香油的陶鍋中倒入 150 公克的昆布高湯，加入除了蔥花和芝麻粒外的調味料煮滾後，再倒入打好的蛋液。

4. 接著轉成中火，再放入蟹肉棒、起司絲裝至 9 分滿，待煮到蛋液凝固成形後關火。

5. 用陶鍋蓋蓋上燜 5 分鐘後，拿掉鍋蓋再撒上蔥花和芝麻粒即可。

TIPS

- 雞蛋若比較大顆，可只用 5 顆就好。
- 剩下的 350 公克昆布高湯可放冷凍待下次使用。

糖醋肉

韓國大人小孩最愛的中華料理

材料（4～5人份）

		◇醬汁◇		◇麵糊材料◇	
梅花肉	1斤	鹽	1茶匙	雞蛋	1顆
黑木耳	3朵	醬油	1大匙	煎餅粉	1大匙
小黃瓜	1條	醋	6大匙	醬油	1大匙
鳳梨	¼顆	二砂糖	7大匙	鹽	½茶匙
紅椒	1顆	水	100公克	胡椒粉	½茶匙
洋蔥	少許	地瓜粉	2大匙	地瓜粉 11大匙（勾芡用）	
油 .. 2000公克（炸肉用）				水 ...... 50公克（勾芡用）	
油 .... 2大匙（炒蔬菜用）					

作法

1. 蔬菜洗淨後，將紅椒、小黃瓜、洋蔥、鳳梨、黑木耳切成約 3 公分寬的塊狀，再用 2 大匙油把蔬菜炒熟；梅花肉切塊備用。

2. 將醬汁材料混合，二砂糖要攪散開來，倒入作法 1 炒蔬菜的鍋中。

3. 把麵糊的材料混合後（蛋最後再打入），再將梅花肉均勻沾上麵糊。

4. 起油熱鍋，倒入 2000 公克的油，待油熱後，將沾好麵糊的肉放入鍋中，炸至金黃後取出。

5. 將肉再炸第 2 次後即可盛盤，最後倒上作法 2 炒好的蔬菜，便可享用。

TIPS

- 想知道油溫是否適合油炸，可先丟一點麵糊，若能浮起來表示溫度已經足夠，可以下鍋油炸了。
- 油炸2 次可以增加糖醋肉的脆度。

炸蔬菜

學生放學後的必吃點心

材料（5～6人份）

		◇麵糊材料◇		◇醬料◇	
牛蒡	50公克	煎餅粉	4大匙	辣椒粉	1大匙
日本栗子地瓜	120公克	炸粉	8大匙	蔥花	1大匙
洋蔥	80公克	鹽	½茶匙	二砂糖	2大匙
紅蘿蔔	50公克	冰塊	70公克	醋	1大匙
韭菜	30公克	雞蛋	2顆	大蒜泥	1大匙
煎餅粉	3大匙			芝麻粒	1大匙
（增加脆度用）				醬油	3大匙

作法

1. 將去皮的紅蘿蔔、地瓜、牛蒡、韭菜和洋蔥都切成條狀。

2. 將炸粉、煎餅粉、鹽和雞蛋攪拌均勻成麵糊，加入融化成冰水的冰塊，再慢慢分次加入蔬菜攪拌，可適量再加點水讓蔬菜表面都裹上麵糊，此時再加入 3 大匙的煎餅粉增加脆度。

3. 將蔬菜先在煎匙上疊放好，再整塊放入鍋中油炸，直到表面金黃取出，接著再炸第二次即可。

4. 將醬料材料全部混合後成為醬料，炸蔬菜起鍋後即可搭配醬料一起享用。

TIPS

- 用煎匙的理由是可以防止蔬菜在炸的過程中散掉。
- 冰塊可以讓麵衣炸過之後更酥脆，若無冰塊，也可以直接以70公克的冰水替代。

辣炒年糕

一定要學會的韓國傳統美食

材料（5人份）

年糕 300公克
魚板 3張
水煮蛋 5顆

◇高湯◇

白蘿蔔 .... ⅓條
大魚乾 .... 少許
昆布 .... 少許
蔥 1根
水 1000公克

◇醬料◇

胡椒粉 .... ½茶匙
大蒜泥 1大匙
辣椒醬 2大匙
二砂糖 1.5大匙
鹽 .... ½茶匙
醬油 1大匙
辣椒粉 2大匙

作法

1. 白蘿蔔切塊、蔥切段後，和大魚乾、昆布加水 1000 公克煮 20 分鐘成為高湯後，將所有的材料都撈出不用。

2. 將切成三角形的魚板和年糕放入高湯，接著再放水煮蛋，把醬料混合後，倒入鍋中繼續煮。

3. 煮至湯汁收乾，即可上桌。

TIPS

● 最後可撒上適量的芝麻粒在料理上做裝飾。

韓式燒豆腐

韓國家庭常見的豆腐料理

材料（4人份）

板豆腐 1盒

◇調味料◇

鹽 .... ¼茶匙
大蒜泥 1大匙
醬油 2大匙
辣椒粉 1大匙
香油 1大匙
二砂糖 1茶匙
芝麻粒 1大匙
蔥花 1大匙

作法

1. 將板豆腐切成厚約 1.5 公分的方塊，可先把豆腐的邊邊修掉。
2. 鍋內放油，油熱後將豆腐煎至兩面金黃，把除了芝麻粒和蔥花外的調味料混合後倒入。
3. 煮到收汁，起鍋前再放上蔥花和芝麻粒。

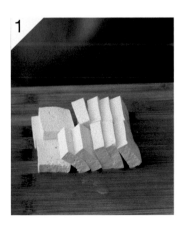  

TIPS

● 若擔心豆腐水分太多煎的時候會噴油，可在入鍋煎之前，先用紙巾吸掉一些水分。

炒魚板

韓式料理餐廳裏的必備菜色

材料（4人份）

韓國魚板 200公克	
油 2大匙	
紅蘿蔔 35公克	
洋蔥 .... ¼個	
紅辣椒 1條	
糯米椒 2條	

◇調味料◇

調味料A

玉米糖漿 2大匙	
水 200公克	
韓國燒酒 2大匙	
芝麻粒 2大匙	

調味料B

醬油 1大匙	
香油 1大匙	
胡椒粉 .... ¼茶匙	
大蒜泥 2大匙	
辣椒粉 1.5大匙	
蔥花 2大匙	

作法

1. 魚板切成三角形、洋蔥切粗條、紅蘿蔔去皮後切細片、紅辣椒和糯米椒切斜片。
2. 先將魚板和紅蘿蔔入鍋加入 2 大匙的油拌炒，再加上洋蔥、韓國燒酒以及調味料 B 一起拌炒。
3. 最後加入玉米糖漿、椒類和 200 公克的水繼續拌炒，起鍋前撒上芝麻粒即可。

Chapter **6**

熱呼呼的韓式經典

湯／鍋料理，
比歐巴還暖心

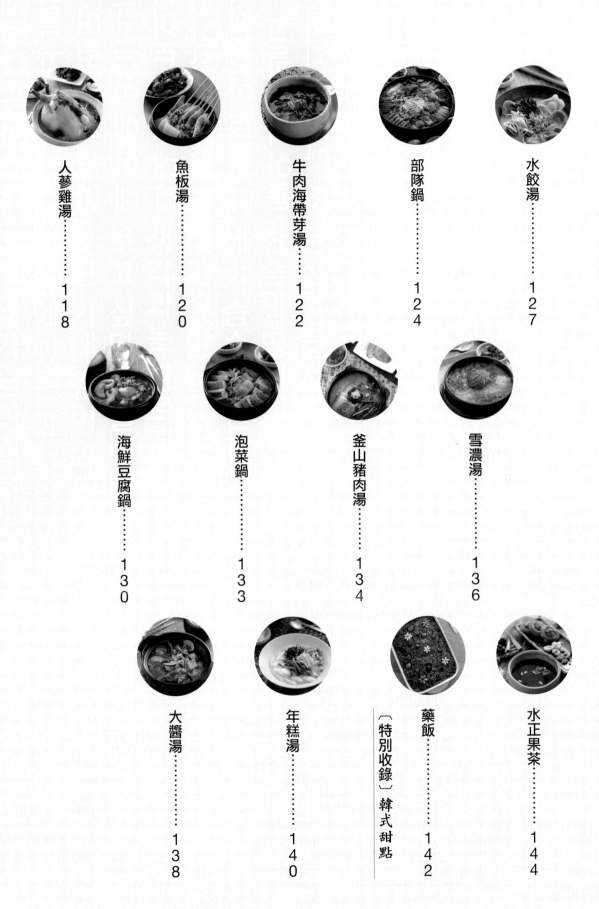

人蔘雞湯

經典不敗韓式料理

材料（4人份）

土雞 ...... 1隻（約1000公克）
新鮮4年根人蔘 4條
圓糯米 250公克
栗子 10粒
鹽 .... 少許
枸杞 .... 少許
蔥花 1大匙
紅棗 10粒
大蒜 10粒
水 .... 適量

作法

1. 圓糯米前1天要洗乾淨泡水，放冰箱隔日取出備用。

2. 切除土雞的頭和手爪、屁股，取出內臟，並將整隻雞洗淨，將其中一隻雞腿劃出一個刀口，方便等等將另一隻腳穿過去。

3. 將泡好的圓糯米和其他食材放進土雞的肚子內，先裝約2/3滿。將另一隻腳穿過作法2中的洞，固定完成後即可放入鑄鐵鍋中煮，鍋內的水量需加至能蓋過食材。

4. 用大火煮開後轉小火，共煮50分鐘。再把剩下的食材一併放入雞肚中，以小火繼續再煮約20分鐘至雞肉與食材熟透。

TIPS

● 如果對在雞腿上劃刀口沒有把握，也可以用棉線
綁住固定。

魚板湯

韓國街邊傳統小吃

材料（2人份）

魚板 10片	◇調味料◇
大魚乾 15條	鹽 1茶匙
昆布 1條	醬油 4大匙
白蘿蔔 300公克	黑胡椒 .... ½茶匙
紅辣椒 1條	柴魚粉 1大匙
青辣椒 1條	蔥花 2大匙
洋蔥 .... 半顆	
蒜頭 10顆	
水 1500公克	

作法

1. 魚板不必切，直接以串籤串起。將白蘿蔔洗淨去皮後切片、紅辣椒和青辣椒切小圓片、洋蔥切塊備用。

2. 鍋內放入 1500 公克的水，將除了魚板和醬油以外的所有材料和調味料一起入鍋以大火煮滾。

3. 煮滾後，取出昆布、大魚乾，倒入醬油，再把魚板放進湯裏，轉小火邊煮邊吃。

牛肉海帶芽湯

韓國人生活中的家常湯品

材料（4人份）

梅花牛肉 100公克

韓國乾海帶 25公克

湯醬油 3大匙

香油 2大匙

牛肉粉 1茶匙

大蒜泥 2大匙

滾水 2000公克

作法

1. 梅花牛肉切 0.3 公分厚，乾海帶泡水 20 分鐘，泡軟後洗 3 次再擠乾水分。

2. 鍋內放入香油和大蒜泥拌炒至大蒜變褐色的時候，再放牛肉和海帶。

3. 倒入湯醬油和滾水 2000 公克，最後再加牛肉粉調味就可以了。

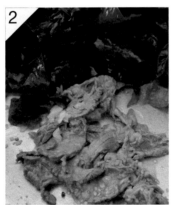

TIPS

● 乾海帶泡水後一定要擠乾再下鍋炒哦！

部隊鍋

適合大家一起共享的超級美味

材料（4人份）

梅花肉片 200公克	◇調味料◇	◇高湯◇
韓國熱狗 2條	辣椒粉 3大匙	牛骨 1000公克
火腿罐頭 .... 半罐	醬油 2大匙	乾香菇 3片
韓國泡麵 1包	大蒜泥 2大匙	洋蔥 1顆
年糕片 .... 少許	老薑泥 1大匙	老薑片 5片
板豆腐 1盒	黑胡椒粉 .... ½大匙	牛肉粉 .... 少許
洋蔥 1顆	米酒 .... ½大匙	水 5000公克
金針菇 1包		
起司片 2片		
泡菜 150公克		
罐頭黃豆 3大匙		
蔥 .... 少許		

作法

1. 先將 1000 公克的牛骨汆燙 10 分鐘後洗淨，再加入 5000 公克的水、泡軟的乾香菇及其他高湯材料，熬煮 15 小時後，即成為牛骨高湯。
2. 先把調味料混合調勻，作為醬料備用。
3. 豆腐、熱狗、火腿、洋蔥都切成片，蔥切段。
4. 將所有食材放入鍋中，菜放在旁邊，肉放中間。
5. 都擺放好後在鍋中加入牛骨高湯。高湯蓋過食材即可，剩下的高湯可放冷凍，下次再使用。
6. 最後放上醬料，就能邊煮邊吃。

將調味料混合,製成醬料。

將食材切好備用。

食材放入鍋中,肉放中間。

加入牛骨高湯。

最後放上醬料,邊煮邊吃。

TIPS

- 高湯也可以直接使用 P.11 的牛骨高湯,牛骨也可以用雞骨取代。
- 建議起司片可以最後放。

水餃湯

體驗韓式水餃的美味

材料

◇菠菜水餃皮◇
（30～40片）

菠菜 110公克

中筋麵粉 330公克

水 150公克

鹽 ....¼茶匙

（水餃皮製作使用）

中筋麵粉 .... 少許

（當作手粉）

◇絞肉內餡◇
（90～120顆）

絞肉 750公克

韭菜 150公克

糯米椒 100公克

高麗菜 450公克

醬油 2大匙

香油 7大匙

鹽 1茶匙

老薑泥 1大匙

板豆腐 1盒

胡椒粉 ....½大匙

彩虹水餃這樣做！

想做不同顏色的水餃皮，也可以比照菠菜水餃皮的作法，只要把菠菜換成紅椒或者紅蘿蔔即可。但紅蘿蔔記得洗淨去皮後再榨成汁。

紅蘿蔔水餃皮

紅蘿蔔............. 150 公克

中筋麵粉 .... 330 公克

水 .... 150 公克

鹽 .... ¼ 茶匙

紅椒水餃皮

紅椒 .... 170 公克

中筋麵粉 .... 330 公克

水 .... 150 公克

鹽 .... ¼ 茶匙

作法

1. 以菠菜水餃為例，先製作水餃皮。菠菜洗淨放入果汁機中，加入鹽和 150 公克的水一起打成菠菜汁。

2. 過濾菠菜汁。

3. 將菠菜汁慢慢倒入麵粉中，攪拌均勻，揉成麵團。如果麵團太乾，可以再加入適量的水。

4. 麵團做好先放置一旁，包上保鮮膜，醒 1 個小時左右。

5. 絞肉先和醬油、香油、老薑泥、胡椒粉、½茶匙的鹽拌勻，拌成內餡後，韓國人還會再加入碎豆腐增加口感。

6. 高麗菜切丁後用 ½茶匙的鹽抓出水，接著用水把鹽洗掉並擠乾。再將韭菜、糯米椒切成碎丁，和高麗菜丁一起加入肉餡中拌勻。

7. 等麵團醒好了之後，在砧板撒上手粉，將麵團搓揉成約直徑 4 公分左右的長條。

8. 將長條狀的麵團，切成約 50 元硬幣大小的小塊，再用擀麵棍擀成圓形的水餃皮。

9. 把餡料放入水餃皮的中央，將水餃皮對折，放在雙手虎口處，用力按壓讓水餃皮黏合後，再用手輕輕地將水餃皮黏合處拉寬一點。

10. 將水餃兩尖端（如圖 9 的 A、B 點）反轉一圈，再用力壓合，1 顆水餃就完成了。包好後可以直接下鍋煮，也可以搭配高湯，做成水餃湯。

TIPS

● 可另外打 2 個蛋，將蛋煎好切成蛋絲放在上面做裝飾，
　蛋絲作法可參考 P.21 作法 6 ～ 8。

海鮮豆腐鍋

滿滿海鮮都在這一鍋

材料（4人份）

蛤蜊 300公克	◇調味料◇	◇昆布高湯◇
魷魚 ....½隻	**調味料A**	昆布 1條
蝦仁 200公克	細辣椒粉............1大匙	大魚乾 10條
五花肉片 200公克	大蒜泥................1茶匙	柴魚片 40公克
蛋 4顆	香油 2大匙	洋蔥 150公克
中華嫩豆腐 600公克	老薑泥..............½茶匙	水 1250公克
新鮮香菇 5朵	蔥花 1大匙	
洋蔥 150公克		
櫛瓜 125公克	**調味料B**	
	韓國海鮮粉.........1茶匙	
	味醂 1大匙	

作法

1. 將高湯材料的洋蔥切塊後和大魚乾、昆布、柴魚片一起放入湯鍋中，加入水 1250 公克用中火煮 20 分鐘成為高湯。櫛瓜切成半圓片、洋蔥切塊、香菇切塊、五花肉片切小塊、蛤蜊吐沙、魷魚切小段、蝦仁去泥腸備用。

2. 先炒辣椒醬：細辣椒粉和 1 大匙香油入鍋拌炒，備用。

3. 取出陶鍋放到瓦斯爐上，先放入 1 大匙香油、大蒜泥、老薑泥和五花肉片一起炒，再放入洋蔥、櫛瓜和香菇。

4. 肉炒熟後，加入高湯與調味料 B，再放入豆腐一起煮滾。

5. 放入炒好的辣椒醬，攪拌一下，加入海鮮燙熟，再打個蛋、撒上蔥花即可。

首先製作昆布高湯。

辣椒粉和香油炒成辣椒醬。

將肉片、蔬菜炒熟。

加入高湯和豆腐。

放入辣椒醬、海鮮、蛋。

TIPS

● 豆腐不必切，直接用湯匙挖就可以喔！

泡菜鍋

韓國家庭最常見的鍋

材料（3人份）

梅花肉（或五花肉）..................200公克	◇調味料◇
泡菜 400公克	牛肉粉 1茶匙
蔥 1支	辣椒粉 2大匙
洋蔥 75公克	香油 2大匙
板豆腐 1盒	胡椒粉 ....¼茶匙
老薑泥 ....½茶匙	韓國燒酒 1大匙
大蒜泥 1茶匙	湯醬油 ....½茶匙
水 900公克	魚露 1.5大匙
	蝦醬 ....½茶匙

作法

1. 泡菜和蔥切段、洋蔥切絲、梅花肉切塊、板豆腐切方片備用。

2. 起鍋熱油，待油熱後，放入大蒜泥和老薑泥和肉拌炒，直到肉表面變色。

3. 將蔥段、洋蔥、泡菜入鍋，再加約 900 公克的水蓋過材料，最後放豆腐及調味料直到煮熟即可。

釜山 豬肉湯

超美味的營養湯品

材料（10人份）

夾心肉 3斤
糯米辣椒 ....3～4條
韭菜 1把
飯 10碗
洋蔥 1顆
蔥 .... 1支（去腥用）
薑片 ... 100公克（去腥用）
蒜頭 .... 1顆（去腥用）

◇調味料◇

調味料A

| 牛肉粉 ....適量
| 蝦醬 100公克
| 大蒜泥 3大匙
| 辣椒粉 ....適量
| 醬油 1大匙

調味料B

| 鹽.......................適量
| 胡椒粉 ....適量
| 蔥花 ....少許

◇高湯◇

豬肋骨 1斤
豬背骨 1斤
薑片 100公克
月桂葉 3片
米酒 3大匙
洋蔥 1顆
水 5000公克

作法

1. 豬背骨切開，讓骨髓露出來，泡水2小時，把水倒掉，清洗2次，豬肋骨也以相同方式處理。在鍋中加入薑片、月桂葉、米酒，豬背骨和豬肋骨汆燙10分鐘後撈出材料倒掉只剩下骨頭，骨頭要用水洗乾淨。

2. 鍋中加入作法1的骨頭、洋蔥1顆和5000公克的水熬煮15小時，成為乳白色的高湯。在熬煮過程中水會變少，等15小時過後，再放入蓋過骨頭的3倍水量將水補足。

3. 夾心肉先泡1小時，洗掉血水煮10分鐘，再洗1次後，和整支蔥、薑片、蒜頭一起煮，讓豬肉去腥。

4. 夾心肉洗乾淨後放入另一個鍋子，鍋中加入蓋過夾心肉的水量再和洋蔥一起煮1個小時後，將夾心肉取出切片。

5. 在飯上放上夾心肉片和混合後的調味料A（味道像是辣椒醬），加入作法2的高湯，再撒適量的鹽和胡椒粉，最後放上切段後的韭菜和少許蔥花即可。可搭配切片的糯米辣椒一起食用。

TIPS

● 蔥、薑、洋蔥、月桂葉和蒜頭放入水中和肉一起煮，是常用的肉類去腥方法，家中可常備這些食材。

雪濃湯

韓國人的國民美食

材料（10人份）

小牛腱 900公克

牛骨 2000公克

冬粉 .... 適量

白飯 .... 適量

水 5000公克

◇調味料◇

鹽 .... 適量

胡椒粉 .... 適量

蔥花 2大匙

作法

1. 冬粉先泡水變軟備用。牛骨汆燙去血水後，加入 5000 公克的水熬煮約 15 小時成為牛骨高湯。

2. 牛腱先泡水 1 小時（水量足以蓋過牛腱即可），汆燙 10 分鐘後把水倒掉，再放入相同水量煮 40 分鐘，關火後再燜 20 分鐘。

3. 將牛腱取出切片。另起一鍋加水煮開並放入冬粉，燙 5 分鐘後撈起，和白飯一起放入牛骨高湯中。

4. 最後把切好的肉放在冬粉上，再撒上鹽、胡椒粉、蔥花調味即可。

TIPS

● 牛腱在煮 40 分鐘後就已經熟了，在鍋中燜 20 分鐘會讓口感更軟嫩。

大醬湯

每個韓國人都愛

材料（6人份）

板豆腐 .... 半塊	◇調味料◇	◇高湯◇
五花肉 200公克	**調味料A**	大魚乾 6條
蛤蜊 .... 半斤	韓式大醬 2大匙	昆布 .... 少許
洋蔥 .... ½顆	蔥花 .... 少許	水 1000公克
櫛瓜 1條		洗米水 500公克
糯米椒 2條	**調味料B**	
新鮮香菇 6朵	鹽 .... ¼茶匙	
馬鈴薯 1顆	大蒜泥 1大匙	
	辣椒醬 .... ½大匙	
	老薑泥 .... 少許	

作法

1. 大魚乾和昆布加水 1000 公克煮 20 分鐘成為高湯，由於過程中水量會蒸發減少，需再另外加入洗米水 500 公克補足水量。

2. 蛤蜊吐沙；櫛瓜切半圓片、洋蔥切塊、香菇去梗切小塊、馬鈴薯去皮切片、糯米椒切小圓片、五花肉切條狀、板豆腐切成方塊。

3. 慢慢將大醬拌入作法 1 的湯中，煮滾。

4. 先把其他食材和調味料 B 放入鍋中，最後放入糯米椒和蛤蜊，煮開後再撒上蔥花，就可以上桌了。

TIPS

● 蔥花可以先留下少許，最後撒在料理上裝飾。

年糕湯

吃飽吃巧都很適合

材料（4人份）

		◇調味料◇	
年糕片	600公克	湯醬油	1大匙
沙朗牛肉	400公克	大蒜泥	1大匙
牛骨	1000公克	香油	1大匙
海苔片（需烤過）	適量	鹽	適量
雞蛋	4顆	胡椒粉	適量
水	1200公克	牛肉粉	少許
		蔥花	適量

作法

1. 沙朗牛肉汆燙去血水後，先略燙一下再手撕或切成條狀，口感會更滑嫩。

2. 將雞蛋打散，煎成蛋皮，切成蛋絲備用。

3. 牛骨去血水後加入1200公克的水熬煮成高湯，煮滾後放鹽、牛肉粉和胡椒粉，再放入年糕片煮好。

4. 將海苔片烤過後弄碎加入，再放入其餘的調味料、蛋絲、牛肉絲、蔥花即可。

TIPS

● 牛骨高湯的詳細作法請見P.11。

● 蔥花可以先留下少許，最後撒在料理上裝飾。

藥飯

韓國正月十五必吃甜點

材料（10人份）

圓糯米（1年的）.......1斤	南瓜子 25公克
紅棗片 28公克	黑糖 200公克
新鮮栗子（脫殼）..........	肉桂粉 1茶匙
......................100公克	鹽 ....¼茶匙
葡萄乾 75公克	醬油 2大匙
枸杞 ....25～27公克	香油 .. 2大匙（抹鍋子用）
松子 23公克	水 300公克

作法

1. 糯米洗淨後，泡水 1 晚再瀝乾，放入電子鍋的內鍋中。

2. 黑糖、醬油、肉桂粉、鹽以 300 公克的水充分混合均勻後，倒入內鍋中，和糯米一起攪拌均勻，再放入栗子和葡萄乾，用炊飯模式蒸熟。

3. 先在盤子上抹點香油，再將蒸好的糯米糕放入，最後加點紅棗片、南瓜子、松子和枸杞點綴即可。

TIPS

● 栗子可以直接買已經煮熟的，也可以用新鮮的生栗子，若是太大大顆可以切對半，小顆一點的直接放入就可以。

● 蒸糯米糕的水量，只需要倒入後和所有材料同高即可，不必淹過材料。

水正果茶

韓國宮廷裏的飯後甜湯

材料

柿餅 7個

老薑 75公克

肉桂 75公克

紅棗 ....少許

核桃 ....少許

松子 ....少許

蜂蜜 1大匙

二砂糖 1大匙

水 2700公克

TIPS

- 果茶放涼後可先放入冰箱冰鎮，隔天喝會更加美味。
- 也可以將老薑和肉桂各用1250公克的水分別熬煮40分鐘後加糖煮好，糖的分量可以隨自己的口味調整喔！

作法

1. 肉桂洗乾淨、老薑去皮切片，一起放入鍋中加2500公克的水，開大火煮滾後，轉中火熬煮40分鐘，茶湯會呈現深褐色，並散發肉桂清香。

2. 接著加入200公克的水和二砂糖，繼續再煮20分鐘。

3. 將肉桂和薑片夾出，等湯汁放涼後加蜂蜜。

4. 加入已經去掉蒂頭的柿餅。要吃的時候可以再加上紅棗、核桃和松子。

推薦 名家美味

外傭學做中國菜

（中菲印對照）

作者：程安琪，定價：290元

你家的印傭、菲傭愛做菜嗎？安琪老師的外傭烹飪班，開課！60道中式家常菜，中菲印3種語言對照，教外籍朋友輕鬆學做中國菜。全書有肉類、海鮮、蔬菜、蛋與豆腐、湯和主食等六個部分，豐富多樣。

外傭學做家常菜

（中菲印對照）

作者：程安琪，定價：270元

60道實用家常菜，中菲印文對照，外籍幫傭學做中國菜，超輕鬆！從肉類、海鮮、蔬菜、豆腐、蛋料理到各式麵食及湯品，詳述各項料理祕訣，讓人人都能燒出一手好菜。

外傭學做銀髮族餐點

（中菲印對照）

作者：程安琪，定價：300元

安琪老師開課囉！60道料理作法搭配中、菲、印3種語言對照，大火快炒、小火慢燉，清蒸涼拌、燒滷烘烤⋯⋯主菜、小菜、飯粥到湯品，教外籍朋友輕鬆學做菜。

上海媳婦的家常和宴客菜

（中英對照）

作者：程安琪，定價：420元

烹飪名家程安琪老師，累積多年的烹飪教學經驗，身為上海媳婦，傳承了滬菜的精隨，並兼顧新時代的飲食要求，精心整理出100道的上海家常菜，教您如何做出家常、宴客皆宜的上海菜料理。

廚師劇場 北方菜：

大廚說菜，咀嚼北方飲食文化的轉變

作者：郭木炎、岳家青

定價：488元

由中餐廚藝大師重現北方經典菜：九轉肥腸、抓炒魚片、它似蜜⋯⋯帶你細品北方菜的典故與好滋味，揭開中國飲食文化的精髓！

廚師劇場 蘇杭菜：

看蘇杭菜的故事。品天堂味的鮮美

作者：徐文斌、岳家青

定價：500元

富貴叫化子雞、片兒川、火踵神仙鴨⋯⋯那些你可能只聽過，但沒看過、沒吃過的中華經典料理，讓你聽著故事、做著菜，品味道地蘇杭風華。

韓國媽媽的家常料理（修訂版）

60道必學經典　涼拌X小菜X主食X 湯鍋，一次學會

作　者	王林煥	總 代 理	三友圖書有限公司
攝　影	蕭維剛	地　址	106台北市安和路2段213號4樓
編　輯	藍勻廷、洪瑋其	電　話	(02) 2377-4155
校　對	藍勻廷、洪瑋其、王林煥	傳　真	(02) 2377-4355
美術設計	劉庭安	E－mail	service@sanyau.com.tw
		郵政劃撥	05844889 三友圖書有限公司
發 行 人	程安琪		
總 策 劃	程顯灝	總 經 銷	大和書報圖書股份有限公司
總 編 輯	呂增娣	地　址	新北市新莊區五工五路2號
主　編	徐詩淵	電　話	(02) 8990-2588
編　輯	吳雅芳、簡語謙	傳　真	(02) 2299-7900
美術主編	劉錦堂		
美術編輯	吳靖玟、劉庭安	製版印刷	鴻嘉彩藝印刷股份有限公司
行銷總監	呂增慧		
資深行銷	吳孟蓉	二版一刷	2020年 6月
行銷企劃	羅詠馨	定　價	新台幣380元
		I S B N	978-986-364-161-2（平裝）
發 行 部	侯莉莉		
財 務 部	許麗娟、陳美齡		
印　務	許丁財		
出 版 者	橘子文化事業有限公司		

◎版權所有・翻印必究

書若有破損缺頁 請寄回本社更換

國家圖書館出版品預行編目(CIP)資料

韓國媽媽的家常料理：60道必學經典 涼
拌X小菜X主食X湯鍋，一次學會 / 王林
煥著. -- 初版. -- 臺北市：橘子文化，
2020.04

面；　公分

ISBN 978-986-364-161-2(平裝)

1.食譜 2.韓國
427.132　　　　　　　　　109003848

廣 告 回 函
台北郵局登記證
台北廣字第2780號

地址： 縣/市 　鄉/鎮/市/區 　路/街

段 巷 弄 號 樓

三友圖書有限公司 收
SANYAU PUBLISHING CO., LTD.

106 台北市安和路2段213號4樓

三友圖書
讀書俱樂部

「填妥本回函，寄回本社」，
即可免費獲得好好刊。

▼

\ 粉絲招募歡迎加入 /

臉書／痞客邦搜尋
「四塊玉文創／橘子文化／食為天文創
三友圖書──微胖男女編輯社」
加入將優先得到出版社提供的相關
優惠、新書活動等好康訊息。

四塊玉文創╳橘子文化╳食為天文創╳旗林文化
http://www.ju-zi.com.tw
https://www.facebook.com/comehomelife

親愛的讀者：

感謝您購買《韓國媽媽的家常料理：60道必學經典　涼拌X小菜X主食X湯鍋，一次學會（修訂版）》一書，為感謝您對本書的支持與愛護，只要填妥本回函，並寄回本社，即可成為三友圖書會員，將定期提供新書資訊及各種優惠給您。

姓名_____　出生年月日_____
電話_____　E-mail_____
通訊地址_____
臉書帳號_____
部落格名稱_____

1 年齡
□18歲以下 □19歲～25歲 □26歲～35歲 □36歲～45歲 □46歲～55歲
□56歲～65歲 □66歲～75歲 □76歲～85歲 □86歲以上

2 職業
□軍公教 □工 □商 □自由業 □服務業 □農林漁牧業 □家管 □學生
□其他_____

3 您從何處購得本書？
□博客來 □金石堂網書 □讀冊 □誠品網書 □其他_____
□實體書店_____

4 您從何處得知本書？
□博客來 □金石堂網書 □讀冊 □誠品網書 □其他_____
□實體書店_____
□FB（四塊玉文創／橘子文化／食為天文創 三友圖書——微胖男女編輯社）
□好好刊（雙月刊） □朋友推薦 □廣播媒體

5 您購買本書的因素有哪些？（可複選）
□作者 □內容 □圖片 □版面編排 □其他_____

6 您覺得本書的封面設計如何？
□非常滿意 □滿意 □普通 □很差 □其他_____

7 非常感謝您購買此書，您還對哪些主題有興趣？（可複選）
□中西食譜 □點心烘焙 □飲品類 □旅遊 □養生保健 □瘦身美妝 □手作 □寵物
□商業理財 □心靈療癒 □小說 □其他_____

8 您每個月的購書預算為多少金額？
□1,000元以下 □1,001～2,000元 □2,001～3,000元 □3,001～4,000元
□4,001～5,000元 □5,001元以上

9 若出版的書籍搭配贈品活動，您比較喜歡哪一類型的贈品？（可選2種）
□食品調味類 □鍋具類 □家電用品類 □書籍類 □生活用品類 □DIY手作類
□交通票券類 □展演活動票券類 □其他_____

10 您認為本書尚需改進之處？以及對我們的意見？
_____
_____

感謝您的填寫，
您寶貴的建議是我們進步的動力！